U0616558

四川省工程建设地方标准

四川省养老院建筑设计规范

Design Code for Buildings of Home for
the Aged in Sichuan Province

DBJ51/052 – 2015

主编单位： 四 川 省 建 筑 设 计 研 究 院
批准部门： 四 川 省 住 房 和 城 乡 建 设 厅
施行日期： 2 0 1 6 年 0 3 月 0 1 日

西南交通大学出版社

2015 成 都

图书在版编目（ＣＩＰ）数据

四川省养老院建筑设计规范 / 四川省建筑设计研究
院主编. —成都：西南交通大学出版社，2015.11（2019.7 重印）
（四川省工程建设地方标准）
ISBN 978-7-5643-4065-0

Ⅰ.①四… Ⅱ.①四… Ⅲ.①养老院 – 建筑设计 – 设
计规范 – 四川省 Ⅳ.①TU264.2-65

中国版本图书馆 CIP 数据核字（2015）第 167093 号

四川省工程建设地方标准

四川省养老院建筑设计规范

主编单位 四川省建筑设计研究院

责 任 编 辑	胡晗欣	
封 面 设 计	原谋书装	
	西南交通大学出版社	
出 版 发 行	（四川省成都市金牛区二环路北一段 111 号	
	西南交通大学创新大厦）	
发行部电话	028-87600564　028-87600533	
邮 政 编 码	610031	
网　　　址	http://www.xnjdcbs.com	
印　　　刷	成都蜀通印务有限责任公司	
成 品 尺 寸	140 mm×203 mm	
印　　　张	2.25	
字　　　数	53 千字	
版　　　次	2015 年 11 月第 1 版	
印　　　次	2019 年 7 月第 2 次	
书　　　号	ISBN 978-7-5643-4065-0	
定　　　价	25.00 元	

关于发布四川省工程建设地方标准
《四川省养老院建筑设计规范》的通知

川建标发〔2015〕775号

各市州及扩权试点县住房城乡建设行政主管部门，各有关单位：

由四川省建筑设计院主编的《四川省养老院建筑设计规范》已经我厅组织专家审查通过，现批准为四川省强制性工程建设地方标准，编号为：DBJ51/052-2015，自 2016 年 3 月 1 日起在全省实施。其中，第 3.0.6、5.2.1、7.2.4、7.2.5 条为强制性条文，必须严格执行。

该标准由四川省住房和城乡建设厅负责管理，四川省建筑设计院负责技术内容解释。

四川省住房和城乡建设厅

2015 年 11 月 10 日

前　言

　　根据四川省住房和城乡建设厅《关于下达四川省工程建设地方标准〈四川省普通养老院设计规范〉编制计划的通知》（川建标发〔2013〕563 号文）的要求，四川省建筑设计研究院会同有关单位，经广泛调查研究，认真总结省内外各地实践经验，在广泛征求意见的基础上，编制本规范。

　　本规范共分 7 章，主要内容包括：总则、术语、基本规定、总平面、建筑设计、建筑结构、建筑设备。

　　本规范由四川省住房和城乡建设厅负责管理，四川省建筑设计研究院负责具体技术内容的解释。请各单位在执行过程中，结合工程实践，总结经验。如有意见和建议，请寄至成都市天府大道中段 688 号大源国际中心四川省建筑设计研究院《四川省养老院建筑设计规范》编制组（电话：028-86933790，邮编：610000，邮箱：sadi_jsfzb@163.com）。

　　本规范主编单位：四川省建筑设计研究院

　　本规范参编单位：成都市第一社会福利院

　　　　　　　　　　中国建筑西南设计研究院有限公司

本规范主要起草人员：李　纯　　徐　卫　　涂　舸
　　　　　　　　　　　贺　刚　　梁　益　　郭　坤
　　　　　　　　　　　章一萍　　隗　萍　　王家良
　　　　　　　　　　　邹秋生　　胡　斌　　秦盛民
　　　　　　　　　　　黄　平　　倪洪刚
本规范主要审查人员：刘小舟　　戎向阳　　尤亚平
　　　　　　　　　　　刘迪先　　王　洪　　董　靓
　　　　　　　　　　　刘　军

目　次

Contents

1 总　则

1.0.1　为规范养老院建筑设计，使养老院建筑适应老年人体能变化和行为特征，结合本省实际情况，制定本规范。

1.0.2　本规范适用于四川省范围内新建、改建及扩建的养老院建筑设计。

1.0.3　养老院建筑设计应与城市经济发展水平相适应，贯彻以人为本的原则，注意人文环境的和谐，按照老年人生理、心理特点进行设计，为老年人住养、生活护理提供方便的设施和服务。

1.0.4　养老院建筑设计除应符合本规范外，尚应符合国家现行有关标准的规定。

2 术 语

2.0.1 养老院 home for the aged

为自理、介助和介护老年人提供生活照料、医疗保健、文化娱乐等综合服务的养老机构，包含社会福利院的老人部、敬老院等。

2.0.2 养护单元 nursing unit

为实现养护职能、保证养护质量而划分的相对独立的服务分区。包括老年人居住用房、餐厅、公共浴室、日常活动、心理咨询室、护理员值班室、护士工作室等用房。

2.0.3 自理老人 self-helping aged people

生活行为基本可以独立进行，自己可以照料自己的老年人。

2.0.4 介助老人 device-helping aged people

生活行为需依赖他人和扶助设施帮助的老年人，主要指半失能老年人。

2.0.5 介护老人 under nursing aged people

生活行为需依赖他人护理的老年人，主要指失智和失能老年人。

2.0.6 亲情居室 living room for family members

供入住老年人与前来探望的亲人短暂共同居住，感受家庭亲情需要的居住用房。

3 基本规定

3.0.1 养老院的服务对象是自理老人、介助老人、介护老人，基本服务配建内容有生活起居、餐饮服务、医疗保健、文化娱乐等综合服务用房、场地及附属设施。其中场地包括道路、绿地、室外活动场地及停车场等；附属设施有供电、供暖、给排水、污水处理、垃圾及污物收集等。

3.0.2 养老院建筑可按其配置的床位数量进行分级，且规模划分宜符合表 3.0.2 的规定。

表 3.0.2　养老院建筑规模划分

规　模	床位数（床）
小型	≤ 150
中型	151～300
大型	301～500
特大型	>500

3.0.3 养老院建筑选址应符合下列规定：

　　1 工程地质条件稳定、建筑抗震有利地段，当无法避开时应采取有效的措施，危险地段不应建造养老院建筑；

　　2 日照充足、通风良好、交通方便，宜邻近医疗设施及公共服务设施，远离污染源、噪声源及危险品生产、储运的区域。

3.0.4 养老院建筑宜为低层或多层，且宜独立设置。小型养老院可与居住区中其他公共建筑合并设置，其交通系统应独立设置。

3.0.5 养老院建筑中老年人用房的主要房间的采光窗洞口面积与该房间楼（地）面面积之比，自然通风开口面积与该房间楼（地）面面积之比，宜符合表 3.0.5-1、表 3.0.5-2 的规定。

表 3.0.5-1　老年人用房的主要房间的采光窗洞口面积与
该房间楼（地）面面积之比

房间名称	窗地面积之比
活动室	1：4
起居室、卧室、公共餐厅、医疗用房、保健用房	1：6
公用自助厨房	1：7
公用卫生间、公用淋浴间、老年人专用浴室	1：9

注：其他房间的窗地面积之比参考国家相关规范执行。

表 3.0.5-2　老年人用房的主要房间的自然通风开口面积与
该房间楼（地）面面积之比

房间名称	自然通风开口面积与该房间楼（地）面面积之比
卧室、起居室	1：20
公用自助厨房	1：10，并不得小于 0.60 m^2

注：当厨房外设置阳台时，阳台的自然通风开口面积不应小于厨房和阳台地板面积总和的 1：10，并不得小于 0.60 m^2。

3.0.6 二层及以上楼层设有老年人生活用房、医疗保健用房、公共活动用房的养老院应设无障碍电梯，且至少应设置 1 部医用电梯。

3.0.7 在满足洁污分流的原则下，养老院宜分别设置专用配餐、污物电梯。

3.0.8 养老院建筑的地面应采用耐磨、防滑、平整、不易碎裂的材料，墙面阳角处应做安全防护处理。

3.0.9 养老院建筑应进行色彩与标识设计，且色彩柔和温暖，标识应字体醒目、图案清晰。

3.0.10 养老院建筑及其场地均应进行无障碍设计，并应符合现行国家标准《无障碍设计规范》GB 50763 的规定，无障碍设计具体部位应符合表 3.0.10 的规定。

表 3.0.10　养老院建筑及其场地无障碍设计的具体部位

室外场地	道路及停车场	主要出入口、人行道、停车场
	广场及绿地	主要出入口、内部道路、活动场地、服务设施、活动设施、休憩设施
建筑	出入口	主要出入口、入口门厅
	过厅和通道	平台、休息厅、公共走道
	垂直交通	楼梯、坡道、电梯
	生活用房	卧室、起居室、亲情居室、自用卫生间、公用卫生间、公用自助厨房、老年人专用浴室、公用淋浴间、公共餐厅、交往厅
	公共活动用房	阅览室、网络室、棋牌室、书画室、健身房、教室、多功能厅、阳光厅、风雨廊
	医疗保健用房	医务室、观察室、治疗室、处置室、临终关怀室、保健室、康复室、心理疏导室

3.0.11 养老院建筑应按现行国家及地方的公共建筑节能标准进行节能设计。

3.0.12 为避免老年人用房地面出现返潮现象，夏热冬冷地区及温和地区应验算确定地面保温层厚度。

4 总 平 面

4.0.1 养老院总平面应合理布局，功能分区、动静分区应明确，交通组织应便捷流畅，标识系统应明晰、连续。

4.0.2 老年人居住用房和主要公共活动用房应布置在日照充足、通风良好的地段，满足下列要求：

1 居住用房冬至日满窗日照不应小于 2 h；

2 主要居室与相邻建筑的最小间距不宜小于 12 m。

4.0.3 养老院建筑出入口不应少于 2 个，主要车行出入口不宜开向城市主干道。货物、垃圾、殡葬等运输宜设置单独的通道和出入口。

4.0.4 总平面内的交通宜实行人车分流，除满足消防、疏散、运输等要求外，还应保证救护车辆通畅到达建筑物主要出入口。主要道路应有足够的夜间照明设施，并有明显的交通标志。

4.0.5 总平面内应设置机动车和非机动车停车场。在机动车停车场距建筑物主要出入口最近的位置上应设置供轮椅使用者专用的无障碍停车位，且无障碍停车位应与人行通道衔接，并应有明显的标志。

4.0.6 供老年人使用的主要步行道路应形成无障碍通道系统，道路的有效宽度不宜小于 1.50 m；当坡度较大时宜设扶手，并在变坡点予以提示，坡道设置排水沟时，水沟盖不应妨碍轮椅通行和拐杖使用。步行道路路面应选用平整、防滑、色彩鲜明的铺装材料。

4.0.7 养老院总平面内应设置供老年人休闲、健身、娱乐等活动的室外活动场地，并应符合下列规定：

    1   活动场地的人均面积不宜低于 1.20 ㎡；

    2   活动场地位置宜选择在向阳、避风处；

    3   活动场地表面应平整，排水措施合理有效，并采取防滑措施；

    4   活动场地应设置健身运动器材和休息座椅，宜布置在冬季向阳、夏季遮荫处。

4.0.8 总平面布置应进行场地景观环境和园林绿化设计。绿化宜种植乔灌木、草地相结合，并宜以落叶乔木为主，不应种植有毒、有刺和刺激呼吸系统的花粉类植物。

4.0.9 绿地与基地面积之比，新区不应小于 35%，中心城旧区不宜小于 30%，应设置集中绿地。

4.0.10 总平面内设置观赏水景的水池水深不宜大于 0.30 m，并应有安全提示与安全防护措施。

4.0.11 老年人室外活动场地 100 m 服务半径内宜设置公共厕所，且应配置无障碍厕位。

4.0.12 养老院应设置专用的晒衣场地。当地面布置困难时，晒衣场地也可布置在上人屋面上，并应设置门禁和防护设施。

5 建筑设计

5.1 用房设置

5.1.1 养老院建筑应设置老年人用房和管理服务用房，其中老年人用房应包括生活用房、医疗保健用房、公共活动用房。养老院建筑各类房间设置宜符合表 5.1.1 的规定。

表 5.1.1 养老院建筑各类房间设置

房 间 类 别			用房配置	备注
老年人用房	生活用房	居住用房		
		卧室	□	—
		起居室	○	
		亲情居室	△	附设专用卫浴、厕位设施
		生活辅助用房		
		自用卫生间	□	—
		公用卫生间	□	—
		公用淋浴间	□/○	附设厕位，在介护老人区域，应设置
		公用自助厨房	△	—
		公共餐厅	□	可兼活动室，并附设备餐间
		自助洗衣间	△	宜结合居住用房阳台设置
		开水间	□	—
		护理站	□	附设护理员值班室、储藏间，并设独立卫浴
		污物间	□	—
		交往厅	□	—

房 间 类 别			用房配置	备注
老年人用房	生活用房	生活服务用房		
		老年人专用浴室 △		附设厕位
		理发室	□	—
		商店	△/○	中型及以上宜设置
		银行、邮电、保险代理	□/△/○	大型、特大型应设置
	医疗保健用房	医疗用房		
		医务室	□	—
		观察室	□/△	中型、大型、特大型应设置
		治疗室	□/△	大型、特大型应设置
		检验室	□	大型、特大型应设置
		药械室	□	—
		处置室	□	—
		临终关怀室	□/△	大型、特大型应设置
		保健用房		
		保健室	△	
		康复室	□/△	在介助、介护区域应设置
		心理疏导室	□/△	在介助、介护区域应设置
	公共活动用房	活动室		
		阅览室	△	—
		网络室	△	—
		棋牌室	□	—
		书画室	△	—
		健身房	□	—
		教室	△	—
		多功能厅	□/△	特大型应设置
		阳光厅/风雨廊	△	—
		总值班室	□	—
		入住登记室	□	—

9

房 间 类 别		用房配置	备注
管理服务用房	办公室	□	—
	接待室	□	—
	会议室	△	—
	档案室	□	—
	厨房	□	—
	洗衣房	□	—
	职工用房	△	可含职工休息室、职工淋浴间、卫生间、职工食堂
	备品库	□	—
	设备用房	□	—

注：表中□为应设置；△为宜设置；○为可设置。

5.1.2 养老院建筑各类用房的使用面积不宜小于表 5.1.2 的规定。旧城区养老院改建项目的老年人生活用房的使用面积不应低于表 5.1.2 的规定，其他用房的使用面积不应低于表 5.1.2 规定的 70%。

表 5.1.2 养老院建筑各类用房最小使用面积指标

用房类别		面积指标（m²/床）	备注
老年人用房	生活用房	14	不含阳台
	医疗保健用房	2	—
	公共活动用房	5	不含阳光厅/风雨廊
管理服务用房		6	—

5.1.3 养老院建筑中老年人生活用房的居住用房和生活辅助

用房宜按养护单元设置，养老院养护单元的规模宜为 50~80 床；失智老年人的养护单元宜独立设置。

5.2 生活用房

5.2.1 老年人卧室、起居室、休息室和亲情居室不应设置在地下、半地下，不应与电梯井道、有噪声振动的设备机房等贴邻布置。

5.2.2 老年人居住用房卧室、起居室在关窗状态下的白天允许噪声级为 45 dB（A），夜间允许噪声级为 37 dB（A），楼板的计权标准化撞击声压级不应大于 65 dB。

5.2.3 老年人居住用房应符合下列规定：

1 养老院的卧室使用面积不应小于 6 m²/床，且单人间卧室使用面积不宜小于 10 m²，双人间卧室使用面积不宜小于 16m²；

2 居住用房内应设每人独立使用的储藏空间，单独供轮椅使用者使用的储藏柜高度不宜大于 1.60 m；

3 居住用房的净高不宜低于 2.60 m；当利用坡屋顶空间作为居住用房时，最低处距地面净高不应低于 2.20 m，且低于 2.60 m 高度部分面积不应大于室内使用面积的 1/3；

4 居住用房内宜留有轮椅回转空间，床边应留有护理、急救操作空间。

5.2.4 养老院每间卧室床位数不应大于 4 床；失智老年人的床位宜进行分隔。

5.2.5 失智老年人用房的外窗可开启范围内应采取防护措施，房间门应采用明显颜色或图案进行标识。

5.2.6 养老院的老年人居住用房宜设置阳台，并应符合下列规定：

1 开敞式阳台栏杆高度不低于 1.10 m，且距地面 0.30 m 高度范围内不宜留空；

2 阳台应设衣物晾晒装置；

3 开敞式阳台应做好雨水遮挡及排水措施，严寒、寒冷地区宜设封闭阳台；

4 介护老年人中失智老年人居住用房宜采用封闭阳台。

5.2.7 老年人自用卫生间的设置应与居住用房相邻，并应符合下列规定：

1 养老院的老年人自用卫生间应满足老年人盥洗、便溺、洗浴的需要，面积不小于 4 m²；卫生洁具宜采用浅色；

2 自用卫生间的平面布置应留有助厕、助浴等操作空间；

3 自用卫生间宜有良好的通风换气措施；

4 自用卫生间与相邻房间室内地坪不应有高差，并组织好排水；地面应选用防滑耐磨材料；

5 卫生间墙面应设安全扶手，浴盆底应有防滑措施。

5.2.8 老年人公共餐厅应符合下列规定：

1 公共餐厅总座位数宜按总床位数的 70%计算，其使用面积应不小于 1.50 m²/座；

2 养老院的公共餐厅宜结合养护单元分散设置；

3 公共餐厅应采用牢固的单人座椅，并可移动；

4 送餐流线与就餐流线宜避免交叉，公共餐厅应设置备餐间，并为护理员留有分餐、助餐空间；当采用柜台式售饭方式时，应设有无障碍服务柜台。

5.2.9 老年人公用卫生间应与老年人经常使用的公共活动用

房同层、邻近设置，并宜有天然采光和自然通风条件。养老院的每个养护单元内均应设置公用卫生间。公用卫生间洁具的数量应按表5.2.9确定。

表 5.2.9　公用卫生间洁具配置指标（人/每件）

洁具	男	女
洗手盆	≤15	≤12
坐便器	≤15	≤12
小便器	≤12	—

注：养老院公用卫生间洁具数量按其功能房间所服务的老人数测算。

5.2.10　老年人专用浴室、公用沐浴间设置应符合下列规定：

　　1　老年人专用浴室宜按男女分别设置，规模可按总床位数测算，每15个床位应设1个浴位，其中轮椅使用者的专用浴室不应少于总床位数的30%，且不应少于1间；

　　2　介护、介助老人使用的公用沐浴间内应配备老年人使用的浴槽（床）或洗澡机等助浴设施，并应留有助浴及储藏空间；

　　3　老年人专用浴室、公用沐浴间均应附设无障碍厕位；

　　4　老年人专用浴室、公用沐浴间应设通风设施。

5.2.11　养老院的每个养护单元均应设护理站，且位置应明显易找，并宜适当居中。

5.2.12　养老院建筑内宜每层设置或集中设置污物间，且污物间应靠近污物运输通道，并应有污物处理及污洗消毒设施。

5.2.13　当设置美容美发室、商店及银行、邮电、保险代理等生活服务用房时，应方便老年人使用。

5.3 医疗保健用房

5.3.1 医疗用房中的医务室、观察室、治疗室、检验室、药械室、处置室应符合下列规定：

1 医务室的位置应方便老年人就医和急救；

2 小、中型养老院建筑宜设观察床位；大型、特大型养老院建筑应设观察室；观察床位数量应按总床位数的 1%～2% 设置，并不应少于 2 床；

3 临终关怀室宜相对独立设置，其对外通道不应与养老院建筑的主要出入口合用。

5.3.2 保健用房设计应符合下列规定：

1 保健室、康复室的地面应平整，表面材料应具弹性，房间平面布局应适应不同康复设施的使用要求；

2 心理疏导室使用面积不宜小于 10 m²。

5.4 公共活动用房

5.4.1 公共活动用房应有良好的天然采光与自然通风条件，东西向开窗时应采取有效的遮阳措施。

5.4.2 活动室的位置应避免对老年人卧室产生干扰，平面及空间形式应适合老年人活动需求，并应满足多功能使用的要求。

5.4.3 多功能厅宜设置在建筑首层，室内地面应平整并设休息座椅，墙面和顶棚宜做吸声处理，并应邻近设置公用卫生间及储藏间。

5.4.4 严寒、寒冷地区的养老院宜设置阳光厅。多雨地区的养老院建筑宜设置风雨廊。

5.5 管理服务用房

5.5.1 入住登记室宜设置在主要出入口附近,并应设置醒目标识。

5.5.2 养老院的总值班室宜靠近建筑主要出入口设置,并应设置建筑设备设施控制系统、呼叫报警系统和电视监控系统。

5.5.3 厨房应有供餐车停放及消毒的空间,并应避免噪声和气味对老年人用房的干扰。

5.5.4 职工用房宜独立设置,并应合理考虑工作人员休息、活动、洗浴、更衣、就餐的空间需求。

5.5.5 洗衣房平面布置应洁、污分区,并应满足洗衣、消毒、叠衣、存放等需求。

5.6 安全措施

5.6.1 养老院建筑供老年人使用的主出入口不应少于两个,且门应采用向外开启平开门,不应选用旋转门。

5.6.2 养老院建筑出入口至机动车道路之间应留有缓冲空间。

5.6.3 养老院建筑的出入口、入口门厅、平台、台阶、坡道等应符合下列规定:

  1 主要入口门厅处宜设休息座椅和无障碍休息区;

  2 出入口内外及平台应设安全照明;

  3 台阶和坡道的设置应与人流方向一致,避免迂绕;

  4 主要出入口上部应设雨篷,其深度超过台阶外缘不宜小于 1 m,雨篷应做有组织排水;

  5 出入口处的平台与建筑室外地坪高差不宜大于 500 mm,并应采用缓步台阶和坡道过渡;缓步台阶踢面高度不宜大于 120 mm,踏面宽度不宜小于 350 mm;坡道坡度不宜大于 1/12，连续坡长不宜大于 6 m，平台宽度不应小于 2 m；

    6 台阶的有效宽度不应小于 1.50 m；当台阶宽度大于 3 m 时，中间宜加设安全扶手；三级及三级以上的台阶应在两侧设置扶手；当坡道与台阶结合时，坡道有效宽度不应小于 1.20 m，有条件时应尽可能采用平坡出入口，且坡道应作防滑处理。

5.6.4 供老年人使用的楼梯应符合下列规定：

    1 楼梯间应便于老年人通行，不应采用扇形踏步，不应在楼梯平台区内设置踏步；主楼梯梯段净宽不应小于 1.65 m，平台区深度不应小于 2 m，其他楼梯通行净宽不应小于 1.20 m；

    2 踏步前缘应相互平行等距，踏面下方不得透空；

    3 楼梯宜采用缓坡楼梯；缓坡楼梯踏面宽度宜为 320 mm～330 mm，踢面高度宜为 120 mm～130 mm；

    4 踏面前缘宜设置高度不大于 3 mm 的异色防滑警示条；踏面前缘向前凸出不应大于 10 mm；

    5 楼梯踏步与走廊地面对接处应用不同颜色区分，并应设有提示照明；

    6 楼梯应设双侧扶手，扶手应伸入平台 300 mm。

5.6.5 普通电梯应符合下列规定：

    1 电梯门洞的净宽度不宜小于 0.90 m，选层按钮和呼叫按钮高度宜为 0.90 m～1.10 m，电梯入口处宜设提示盲道；

    2 电梯轿厢门开启的净宽度不应小于 0.80 m，轿厢内应设监控及对讲系统，内壁周边应设有安全扶手；

    3 电梯运行速度不宜大于 1.50 m/s，电梯门应采用缓慢关闭程序设定或加装感应装置；

    4 医疗电梯应按现行行业标准《综合医院建筑设计规范》JGJ 49 执行。

5.6.6 老年人经过的过厅、走廊、房间等不应设门槛，地面不应有高差，如遇有难以避免的高差时，应采用不大于 1/12 的坡面连接过渡，并应有安全提示。在起止处应设异色警示条，邻近处墙面设置安全提示标志及灯光照明提示。如外廊不封闭，应设置防雨水渗入的措施。

5.6.7 养老院建筑走廊净宽不应小于 1.80 m。当采用开放式外廊时，应采取有效的排水及防飘雨措施。固定在走廊墙、立柱上的物体或标牌距地面的高度不应小于 2 m；当小于 2 m 时，探出部分的宽度不应大于 100 mm；当探出部分的宽度大于 100 mm 时，其距地面的高度应小于 600 mm。

5.6.8 老年人居住用房门的开启净宽应不小于 1.20 m，且应向外开启或推拉门，在开启状态下应能保障走廊有效宽度，卧室木门宜配有方便观察的玻璃窗，外窗防护高度不应低于 0.90 m。厨房、卫生间、阳台门的开启净宽不应小于 0.90 m，且选择平开门时宜双向开启。

5.6.9 过厅、电梯厅、走廊等宜设置休憩设施，并应留有轮椅停靠的空间。电梯厅兼作消防前室时，应采用不燃材料制作靠墙固定的休息设施，且其水平投影面积不应计入消防前室的规定面积。

5.6.10 顶层阳台上部应设雨篷，雨篷进深不宜小于阳台进深。阳台与居室之间的地面高差应做缓坡处理。

5.6.11 老年人经过及使用的公共空间应沿墙安装安全扶手，并宜保持连续。安全扶手的尺寸应符合下列规定：

1 扶手直径宜为 30 mm ~ 45 mm，且宜采用木质扶手，在有水和蒸汽的潮湿环境时，截面尺寸应取下限值；扶手设置应符合《无障碍设计规范》GB 50763 的相关要求；

2 扶手的最小有效长度不应小于 200 mm。

5.6.12 养老院室内公共通道的墙（柱）面阳角应采用切角或圆弧处理，或安装成品护角。沿墙脚宜设 350 mm 高的防撞踢脚。

5.6.13 养老院建筑主要出入口附近和门厅内，应设置连续的建筑导向标识，并应符合下列规定：

1 出入口标识应易于辨别，且当有多个出入口时，应设置明显的号码或标识图案；

2 楼梯间附近的明显位置处应布置楼层平面示意图，楼梯间内应有楼层标识。

5.6.14 其他安全防护措施应符合下列规定：

1 老年人所经过的路径内不应设置裸放的散热器、开水器等高温加热设备，不应摆设造型锋利和易碎饰品，以及种植带有尖刺和较硬枝条的盆栽；易与人体接触的热水明管应有安全防护措施；

2 公共疏散通道的防火门扇和公共通道的分区门扇，距地 0.65 m 以上，在防火门扇上应安装透明的防火玻璃，分区门扇上应安装透明的安全玻璃；防火门的闭门器应带有阻尼缓冲装置；

3 养老院建筑的自用卫生间、公用卫生间门宜安装便于施救的插销，卫生间门上宜留有观察窗口；

4 每个养护单元的出入口应安装安全监控装置；

5 老年人使用的开敞阳台或屋顶上人平台在临空处不应设可攀登的栏杆；供老年人活动的屋顶平台女儿墙的护栏高度不应低于 1.20 m；

6 老年人居住用房应设安全疏散指示标识，墙面凸出处、临空框架柱等应采用醒目的色彩或采取图案区分和警示标识。

6 建筑结构

6.1.1 养老院建筑抗震设防类别应不低于重点设防类。

6.1.2 选择建筑场地时，应选择对建筑抗震有利地段或一般地段，对不利地段，应提出避让要求；当无法避开时应采取有效的措施。危险地段不应建造养老院建筑。

6.1.3 当采用框架结构时，其多遇地震作用下的楼层内最大弹性层间位移角不宜大于 1/650，不应大于 1/550。

6.1.4 填充墙应沿框架柱全高每隔 500 mm ~ 600 mm 设 2ϕ6 拉筋，沿墙全长贯通。

6.1.5 填充墙墙长超过 4 m 或层高 2 倍时，应设置钢筋混凝土构造柱；且构造柱间距在抗震设防烈度为 7 度时不应大于 4 m；8 度时不应大于 3 m。

7 建筑设备

7.1 给水排水

7.1.1 养老院给水排水系统及其设备选型，应适合老年人使用。

7.1.2 养老院给水用水标准及小时变化系数，宜按表 7.1.2 确定。

表 7.1.2 用水标准及小时变化系数

序号	设施标准	最高日用水量 [升（日·床）]	小时变化系数
1	集中厕所、盥洗	50～100	2.5～2
2	集中浴室、厕所、盥洗	100～150	2.5～2
3	集中浴室、房间设盥洗、厕所	150～200	2.5～2
4	房间内设浴室、盥洗、厕所	200～250	2

7.1.3 养老院应供应热水，热水系统应符合下列规定：

1 在寒冷、严寒、夏热冬冷地区应供应热水，其余气候区宜根据使用场所要求设置热水供应；

2 床位数大于 50 床的养老院宜采用集中热水供应系统，并采取措施保障老年人使用热水安全、操作简便；

3 热水系统配水点出水温度不低于 45 ℃ 的放水时间不宜大于 10 s；

4 热水系统的热源，有条件的地方宜优先采用太阳能等可再生能源。

7.1.4 卫生器具应符合老年人的生理特点和心里特征，使用方便，并符合下列规定：

 1 水龙头、淋浴器、便器及冲洗阀等应符合现行业标准《节水型生活用水器具》CJ /T 164 的要求；

 2 公共卫生间的小便器宜采用感应式冲洗阀或高位水箱自动冲洗装置，洗面盆宜采用感应式水嘴或自闭式水龙头，公用小厨房的水龙头把手宜采用杠杆式；

 3 淋浴器、浴盆、洗面盆应设冷热水杠杆式混合龙头，冷、热水龙头宜采用色标区分；

 4 介助和介护老年人居住用房卫生间的坐便器，宜安装温水净身风干式坐便盖，坐便器高度不宜大于 0.40 m；

 5 卫生间、淋浴间、浴室等布置应考虑通行便捷、无障碍；

 6 集中洗衣房内宜设置浸泡污物的污水池。

7.1.5 养老院建筑给排水系统应严格控制噪声，并应符合下列规定：

 1 卫生器具及配件选用低噪声产品；

 2 采用低噪声管材，给水管、热水管、污水管、废水管等宜暗敷；

 3 合理控制供水管道的压力和流速，减少管道振动和噪声对环境的影响，给水管流速宜小于 1 m/s，热水管流速宜小于 0.8 m/s；

 4 排水立管不得穿越老年居住用房，且不宜靠近与卧室相邻的内墙，当受条件限制不能避免时，应采取防噪措施；

 5 选用低噪声水泵和加热设备，水泵及加热设备应采取消声和减振措施；

6　给水加压、循环冷却等设备，不得设置在休息厅或居住用房的上层、下层和毗邻的房间内。

7.1.6　养老院宜按用途和计费单元分别设置水表计量。老年公寓每套应设水表计量，水表口径不宜小于 20 mm。

7.1.7　卫生间设有洗面盆、浴盆和洗衣机等洗涤设施时，宜就近利用洗涤废水向地漏处的水封补水。

7.1.8　养老院附属医疗设施，应按医疗建筑的要求设置给排水管道或冲洗龙头；医疗区的污、废水排放标准应执行《医疗机构水污染物排放标准》GB18466 的相关要求。

7.1.9　总建筑面积大于 500 m^2 养老院，应设自动喷水灭火系统。

7.2　暖通空调

7.2.1　夏热冬冷、严寒及寒冷地区的养老院建筑老年人用房应设置供暖设施，其生活用房中带有洗浴功能的卫生间、公共浴室及其更衣间必须设置供暖设施。

7.2.2　老年人用房的供暖室内设计温度宜符合表 7.2.2 的规定。

表 7.2.2　老年人用房室内冬季供暖设计温度

房间	居住用房	含沐浴的用房	生活辅助用房	生活服务用房	活动室多功能厅	医疗保健用房	管理服务用房
计算温度（℃）	20~24	24~26	20~24	18~22	20~24	20~24	18~22

7.2.3 严寒、寒冷地区的供暖系统应按连续供暖进行设计。

7.2.4 **供暖系统的末端设备应具备室温调控功能。**

7.2.5 **老年人用房的散热器必须暗装或加防护罩。**

7.2.6 最热月平均室外气温高于 25 ℃ 地区的养老院建筑老年人用房应设置降温设施。

7.2.7 老年人居住用房空调室内设计温度及风速宜符合表 7.2.7 的规定。

表 7.2.7　老年人居住用房空调室内设计温度及风速

类别	温度（℃）	风速（m/s）
供热工况	20 ~ 24	≤ 0.2
供冷工况	26 ~ 28	≤ 0.25

7.2.8 养老院建筑空调系统应符合下列规定：

　　1 按照换气次数确定最小新风量时，老年人居住用房每小时换气次数不应小于 1.5 次；

　　2 空调系统应设置分室温度控制措施。

7.2.9 养老院建筑公共浴室每小时换气次数不应小于 10 次。

7.2.10 养老院建筑应采用低噪声的空调、通风设备，空调通风系统应采取隔振降噪措施，并满足《民用建筑隔声设计规范》GB50118 的要求。

7.3　建筑电气

7.3.1 养老院的供配电系统应安全可靠、配电级数合理、便于管理维护。

7.3.2 养老院的用电负荷应根据供电可靠性要求、使用性质、中断供电对人身安全造成的影响等进行分级，其用电负荷等级除应符合国家现行相关规范外，并尚应符合下列规定：

    1 食堂的厨房主要设备用电、冷库、主要操作间及备餐间照明为二级；

    2 老年人用房的客梯、主要通道照明为二级；

    3 本规范第 7.3.8 条第 1 款中的备用照明用电为二级。

7.3.3 养老院宜设置变配电所或配电间；当设置预装式变电站或户外配电设施时，其周围宜设置防止老年人触及的安全防护措施。

7.3.4 养老院变配电所设置应满足下列规定：

    1 当变配电所设置在建筑内时，变配电所不得位于老年人长期停留房间的正下方或贴邻；

    2 当变配电所设置在建筑外时，变配电所的外侧与建筑的外墙间距应满足防火要求；与老年人长期停留房间外墙间距尚应满足防噪声、防电磁辐射的要求，变配电所宜避开以上房间主要窗户的水平视线。

7.3.5 老年人居住用房电负荷取值应结合房型及其配置的用电设备容量确定，并应考虑冬季采暖设施用电需求。每间居住用房的用电负荷取值不宜小于 2 kW。

7.3.6 老年人居住用房宜每间（套）单设配电箱，配电箱内应设电源总开关，总开关应采用可同时断开相线和中性线的开关电器。

7.3.7 养老院宜结合管理需要设置电能计量装置，单独配电的每间（套）居住用房宜设置电度表。

7.3.8 养老院照明设计应符合以下规定：

    1 养老院的医疗用房应设备用照明，居住用房、公共活动用房、公共生活辅助用房、保健用房宜设置备用照明；

2 养老院的阳台、入口雨棚、室外活动场所、室外道路等处应设置照明装置，楼梯踏步与走廊地面对接处应设有提示照明；

3 老年人居住用房、观察室等房间至其配套卫生间的走道墙面宜设嵌墙地脚灯；

4 养老院各房间照度标准值、一般显色指数 Ra、统一眩光限制 UGR 应符合表 7.3.8 的规定，光源宜选用暖色节能光源。

表 7.3.8 养老院建筑的照明标准

房间类别	房间名称	参考平面及其高度	照度标准（lx）	Ra	UGR
居住用房	卧室、休息室、起居室、亲情居室	0.75 m 水平面	200	≥80	≤19
生活辅助用房	卫生间、浴室	0.75 m 水平面	150	≥80	≤19
	厨房	台面	200	≥80	≤19
	公共餐厅	0.75 m 水平面	200	≥80	≤19
医疗用房	医务室、治疗室、功能检查室	0.75 m 水平面	300	≥85	≤19
	观察室、临终关怀室	0.75 m 水平面	100	≥85	≤19
保健用房	保健室、康复室、心里疏导室	0.75 m 水平面	200	≥80	≤19
活动室	阅览室	0.75 m 水平面	500	≥80	≤19
	棋牌室、书画室、网络室	台面	300	≥80	≤19
公共走道、门厅、楼梯间		地面	100～150	≥80	≤19

5 居住用房的照明宜选用双控开关控制，卧室应在门边和床头设置双控开关，床头开关安装高度宜距地面 0.8 m。

6 设有应急照明的场所，疏散照明的照度值不应低于 10 lx。

7.3.9 老年人用房的照明控制开关宜选用宽面板带指示灯型，安装高度宜距地面 1.10 m。

7.3.10 老年人用房的电源插座应采用安全型。居住用房内电源插座安装高度宜为距地 0.60 m ~ 0.80 m，厨房操作台电源插座安装高度宜为距地 0.90 m ~ 1.10 m。

7.3.11 浴室、带沐浴功能的卫生间应设局部等电位联结。

7.3.12 医疗用房的电气设计按照《医疗建筑电气设计规范》JGJ 312 执行。

7.3.13 老人用房应设置电气火灾监控系统和火灾自动报警系统。

7.4 建筑智能化

7.4.1 养老院应设置应急广播兼公共广播系统，宜在各老年人用房内设置扬声器。

7.4.2 养老院应设置视频监控系统，视频监控信号应接入值班室或监控中心，每个养护单元内的监控信号宜能在该养护单元的护理室显示。养老院建筑的公共区域宜无监控盲区，下列场所应设置摄像头：

1 养老院的各出入口、单元门出入口、各养护单元的出入口；

2 公共走廊、各楼层的电梯厅、楼梯间、电梯轿厢内；

3 食堂的厨房及餐厅；

4 室内公共活动用房、室外活动场所等处。

7.4.3 养老院应设置紧急呼叫系统，呼叫信号应直接送至护理室或值班室，每个养护单元内的呼叫信号应能在该养护单元的护理室显示。呼叫装置的设置及选择应满足下列规定：

1 老年人用房的居室、浴室、卫生间等处应设置呼叫装置；

2 床头呼叫装置安装高度宜为距地 0.70 m ~ 0.90 m，其余地方呼叫装置安装高度宜距地 1.00 m ~ 1.20 m；

3 应选用拉绳呼叫装置，拉线长度应不小于 0.70 m。呼叫装置宜同时具有按钮呼叫功能。

7.4.4 养老院的电梯轿厢内应设置与值班室通话的呼叫装置。

7.4.5 老年人使用的以燃气为燃料的厨房应设置燃气泄漏报警装置，燃气泄漏报警信号应联动关闭燃气阀门，报警信号及阀门动作信号应传输至值班室，系统应能在值班室发出声响信号。

7.4.6 养老院应设置有线电视系统、电话系统，宜设置信息网络系统，有条件时可设置无线 WIFI 覆盖系统。在居住用房、公共活动用房和公共餐厅等处应设置有线电视及电话插座。

7.4.7 大型养老院应设置能耗监测系统，小型养老院宜设置能耗监测系统。

7.4.8 养老院宜设置老年人健康信息管理系统。

7.4.9 有条件时可设置信息显示系统、无线定位系统、跌倒检测报警系统、环境监测系统，环境监测系统应能对养老院所在地二氧化碳、负离子、环境噪声、空气悬浮物以及公共区域的温度、湿度等进行检测。跌倒检测报警系统宜与视屏监控系统实现联动。

本规范用词说明

1　时雨为便于在执行本规范条文时区别对待，对要求严格程度不同的用词说明如下：

1）表示很严格，非这样做不可的：

正面词采用"必须"，反面词采用"严禁"；

2）表示严格，在正常情况下均应这样做的：

正面词采用"应"，反面词采用"不应"或"不得"；

3）表示允许稍有选择，在条件许可时首先应这样做的：

正面词采用"宜"，反面词采用"不宜"；

4）表示有选择，在一定条件下可以这样做的，采用"可"。

2　条文中指明应按其他有关标准执行的写法为："应符合……的规定"或"应按……执行"。

引用标准名录

1 《医疗机构水污染物排放标准》GB 18466

2 《建筑抗震设计规范》GB 50011

3 《建筑给水排水设计规范》GB 50015

4 《建筑设计防火规范》GB 50016

5 《建筑照明设计标准》GB 50034

6 《供配电系统设计规范》GB 50052

7 《低压配电设计规范》GB 50054

8 《通用用电设备配电设计规范》GB 50055

9 《火灾自动报警系统设计规范》GB 50116

10 《建筑工程抗震设防分类标准》GB 50223

11 《民用建筑节水设计标准》GB 50555

12 《民用建筑供暖通风与空气调节设计规范》GB50736

13 《无障碍设计规范》GB 50763

14 《城镇给水排水技术规范》GB 50788

15 《养老设施建筑设计规范》GB 50867

16 《老年人居住建筑设计标准》GB/T 50340

17 《民用建筑电气设计规范》JGJ 16

18 《综合医院建筑设计规范》JGJ 49

19 《老年人建筑设计规范》JGJ 122

20 《医疗建筑电气设计规范》JGJ 312

四川省工程建设地方标准

四川省养老院建筑设计规范

DBJ51/052 – 2015

条 文 说 明

目　次

1 总 则

1.0.1 随着我省社会经济的发展，城乡老年人的生活水平和医疗水平不断提高，老年人的寿命呈现出高龄化倾向，家庭模式空巢化现象越来越突出，介护老人长期照料护理服务需求日益迫切。2013 年年底，60 岁以上 1 524.44 万人，约占全省常住人口的 18.8%，据预测 2025 年前后，老年人口约占到 24.99%。因此，适时编制养老院建筑设计规范，为养老院建筑的设计和管理提供技术依据，以满足我省养老院建设的迫切需要。

1.0.2 根据《社会养老服务体系建设规划（2011—2015 年）》，我国的社会养老服务体系主要由居家养老、社会养老和机构养老等三个有机部分组成。本规范主要针对机构养老院建筑。

1.0.3 本条提出了养老院建筑设计理念、原则。养老院建筑需要针对自理、介助和介护等不同老年人群体的养老需求、身体衰退、生理心理状况及养护方式，进行个性化、人性化设计，切实保证老年人的基本生活质量。

1.0.4 本条规定是为了明确本规范与相关标准之间的关系。这里的"国家现行有关标准"是指现行的工程建设国家标准和行业标准。与养老院建筑有关的规划及建筑结构、消防、热工、节能、隔声、照明、给水排水、安全防范、设施设备等设计，除需要执行本规范外，还需要执行其他相关标准。例如《城镇老年人设施规划规范》GB 50437、《养老设施建筑设计规范》GB 50867、《建筑设计防火规范》GB 50016、《无障碍设计规范》GB 50763、《老年人社会福利机构基本规范》MZ 008 等。

3　基本规定

3.0.1　本条规定了养老院的服务对象及基本服务配置。需要强调的是，养老院的服务配置应当在适应当前、预留发展、因地制宜的原则下，在满足服务功能和社会需求基础上，尽可能综合布设并充分利用社会公共设施。

3.0.2　根据我国民政部颁布的现行行业标准《老年人社会福利机构基本规范》MZ 008，养老院可以根据配建和床位规模划分。国家和各地的民政部门在养老院管理规定中将提供居养和护理的养老机构按床位数分级，以便于配置人员和设施。因此，建设标准主要满足养老院的规划建设和项目投资的需要。本规范根据现行国家标准《城镇老年人设施规划规范》GB 50437 分级设置的规定，并参考国内外养老院的建设情况，将养老设施中的老年养护院和养老院按其床位数量分为小型、中型、大型和特大型四个等级，主要满足建筑设计的最低技术指标。根据以上原则分级，配合规划形成的养老院网络能够基本覆盖城镇各级居民点，满足老年人使用的需求；其分级的方式也基本能够与现行国家标准《城市居住区规划设计规范》GB 50180 相衔接，利于不同层次的设施配套。在实际运作中可以和现有的以民政系统管理为主的老年保障网络相融合，如大型、特大型养老院与市（地区）级要求基本相同，中型养老设施则相当于规模较大辐射范围较广的区级设施，而小型养老设施则与居住区级的街道和乡镇规模相一致，这样便于民政部门的规划管理。

3.0.3 养老院建筑选址一方面要考虑到老年人的生理和心理特点，对安全、阳光、空气、绿化等自然条件要求较高，对气候、风向及周边生活环境敏感度较强等；另一方面还应考虑到老年人出行方便和子女探望的需要，以及大多数老年人多病的情况，选择邻近医疗设施有利于医养结合。

3.0.4 考虑到老年人特殊的体能与行为特征，养老院建筑宜为低层或多层并独立设置，以便于紧急情况下的救助与疏散，以及减少外界的干扰。受用地等条件所限，小型养老设施可以与其他公共设施建筑合并设置，并需要具备独立的交通系统，便于安全疏散。但商业、娱乐、餐饮等公共建筑不宜与之合并设置。

3.0.5 为保障老年人拥有健康的室内生活环境，老年人用房采光和通风就非常重要。本规范规定养老院建筑主要用房的窗地比和自然通风开口面积与该房间楼（地）面面积之比，以提供较好的天然采光和自然通风条件。

3.0.6 为了便于老年人日常使用与紧急情况下的抢救与疏散，养老院的二层及以上楼层设有老年人用房时，需要以无障碍电梯作为垂直交通设施，且至少1台能兼作医用电梯，以便于急救时担架或医用床的进出。

3.0.8 为保证老年人的行走安全及方便，对养老院建筑中的地面材料提出了设计要求，以防止老年人滑倒或因滑倒引起的碰伤、划伤、扭伤等。

3.0.9 考虑到老年人视力、记忆力、反应能力等不断衰退，强调色彩和标识设计非常必要。色彩柔和、温暖，易引起老年人注意与识别，既提高老年人的感受能力，也从心理上营造了温馨感和安全感。

3.0.10 老年人体能衰退的特征之一,表现在行走机能弱化或丧失,抬腿与迈步行为不便或需靠轮椅等扶助,因此,新建及改扩建养老院的建筑和场地都需要进行无障碍设计,并且按现行国家标准《无障碍设计规范》GB 50763 执行。本规范对养老院相应用房设置提出了进行无障碍设计的具体位置,以方便设计与提高养老院建筑的安全性。

3.0.12 夏热冬冷地区及夏热冬暖地区养老院的老年人用房的地面,在过渡季节易出现地面湿滑的返潮现象,为防止老年人摔伤,特做此规定。

4 总 平 面

4.0.1 养老院建筑一般包括生活居住、医疗保健、休闲娱乐、辅助服务等功能，需要按功能关系进行合理布局。明确动静分区，减少干扰。合理组织交通，沿老年人通行路径设置明显、连续的标识和引导系统，以方便老年人使用。

4.0.2 保证养老院建筑的居住用房和主要公共活动用房充足的日照和良好的通风对老年人身心健康尤为重要。考虑到地域的差异，日照时间按当地城镇规划要求执行，其中老年人的居住用房应满足冬至日满窗日照 2 h，主要公共活动用房宜满足冬至日满窗日照 2 h。公共配套服务设施应与居住用房就近设置，以方便老年人的日常使用。公共配套服务设施应与居住用房联系便捷，主要建筑间宜设风雨廊联系。

4.0.3 城市主干道往往交通繁忙、车速较快，养老院建筑的主要出入口开向城市主干道时，不利于保证老年人出行安全。货物、垃圾、殡葬等运输最好设置具有良好隔离和遮挡的单独通道和出入口，避免对老年人身心造成影响。

4.0.4 考虑到老年人出行方便和休闲健身等安全，养老院中道路要尽量做到人车分流，并应当方便消防车、救护车进出和靠近，满足紧急时人群疏散、避难逃生需求，并且应设置明显的标志和导向系统。

4.0.5 考虑介助老年人的需要，在机动车停车场距建筑物主要出入口最近的位置上设置供轮椅使用者专用无障碍停车位，明显的标志可以起到强化提示作用。

4.0.6 老年人中使用轮椅代步的比例较高。因此，步行道路要求足够的有效宽度并符合无障碍通道系统设计要求。同时应照顾行动不便的老人，在步行道路出现高差时设缓坡，变坡点给予提示，宜在坡度较大处设扶手，并尽量采用成品线性排水沟等排集水设施，避免排水沟盖的损坏、遗失、安装不平整、不稳固等妨碍轮椅通行和影响拐杖的使用。

4.0.7 满足老年人室外活动需求，室外活动场地人均面积不宜低于 1.20 m²，可结合建筑平台、屋顶、露台等开辟更多的室外活动场地。且保证一定的日照和场地平整、防滑等条件。根据老年人活动特点进行动静分区，一般将运动项目场地作为动区，设置健身运动器材，并与休憩静区保持适当距离。在静区根据情况进行园林设计，并设置亭、廊、花架、座椅等设施，座椅布置宜在冬季向阳、夏季遮荫处，便于老年人使用。

4.0.8 为创造良好的景观环境，养老院建筑总平面需要根据各地情况适宜做好庭院景观绿化设计。

4.0.11 根据老年人生理特点及调研结果，养老院需要在老年人集中的室外活动场地附近设置公共厕所便于老年人使用，且考虑轮椅使用者的需要。

4.0.12 为保证老年人身体健康，满足老年人衣服、被褥等清洗晾晒要求，总平面布置时需要设置专用晾晒场地。当室外地面晾衣场地设置困难时，可利用上人屋面作为晾衣场地，但需要设置栏栅、防护网等安全防护设施，防止老年人误入。

5 建筑设计

5.1 用房设置

5.1.1 根据老年人使用情况，养老院建筑的内部用房可以划分为两大类：老年人用房和管理服务用房。

老年人用房是指老年人日常生活活动需要使用的房间。根据不同功能又可划分为三类：生活用房、医疗保健用房、公共活动用房。各类用房的房间在无相互干扰且满足使用功能的前提下可合并设置。

生活用房是老年人的生活起居及为其提供各类保障服务的房间，包括居住用房、生活辅助用房和生活服务用房。其中居住用房包括卧室、起居室、亲情居室；生活辅助用房包括自用卫生间、公用卫生间、公用沐浴间、公用自助厨房、公共餐厅、自助洗衣间、开水间、护理站、污物间、交往厅；生活服务用房包括老年人专用浴室、理发室、商店和银行、邮电、保险代理等房间。

医疗保健用房分为医疗用房和保健用房。医疗用房为老年人提供必要的诊察和治疗功能，包括医务室、观察室、治疗室、检验室、药械室、处置室和临终关怀室等房间；保健用房则为老年人提供康复保健和心理疏导服务功能，包括保健室、康复室和心理疏导室。

公共活动用房是为老年人提供文化知识学习和休闲健身

交往娱乐的房间，包括活动室、多功能厅和阳光厅（风雨廊）。其中活动室包括阅览室、网络室、棋牌室、书画室、健身房和教室等房间。

管理服务用房是养老院建筑中工作人员管理服务的房间，主要包括总值班室、入住登记室、办公室、接待室、会议室、档案室、厨房、洗衣房、职工用房、备品库、设备用房等房间。

为提高养老院建筑用房使用效率，在满足使用功能和相互不干扰的前提下，各类用房可合并设置。

5.1.2 养老院建筑的面积指标是参照《城镇老年人设施规划规范》GB 50437 中规定的各级养老院的配建指标，养老院每床建筑面积标准为 45 m²/床。以上建筑面积标准乘以平均使用系数 0.60，得出每床使用面积标准。同时根据《养老设施建筑设计规范》GB 50867 中养老院开展各项工作的实际需求，结合对各地调研数据的认真分析和总结，确定我省养老院的各类用房使用面积标准。

5.1.3 为便于为老年人提供各项服务和有效的管理，养老院的老年人生活用房中的居住用房和生活辅助用房宜分单元设置。经对本省养老院的调研，养老院中能够有效照料和巡视自理老年人的服务单元规模为 50~80 床；介护老年人中的失智老年人可能对其他人或物造成伤害或破坏，护理与服务方式较为特殊，其养护单元宜独立设置。

5.2 生活用房

5.2.1 居住用房是老年人久居的房间，强调本条主要考虑设置在地下、半地下的老年人居住用房的阳光、自然通风条件不佳和火灾时烟气不易排除，对老年人的健康和安全带来危害。噪声振动对老年人的心脑功能和神经系统有较大影响，应远离噪声源布置居住用房，并对噪声振动源进行相关降噪处理。

5.2.3 据调查现在实际老年人居住用房普遍偏小。由于老年人动作迟缓，准确度降低以及使用轮椅和方便护理的需要，特别是对文化层次越来越高的老年人，生活空间不宜太小。日本老年看护院标准单人间卧室 10.80 m^2，我国香港安老院标准每人 6.50 m^2 等，本规范参照国内外标准综合确定了面积指标。

5.2.4 根据目前国内经济状况和现有养老院调查情况，本规范规定每卧室的最多床位数标准。其中规定失智老人的床位进行适当分隔，是为了避免相互影响及发生意外损伤。

5.2.5 为防止介护老年人中失智老年人发生高空坠落等意外发生，本条规定失智老年人养护单元用房的外窗可开启范围内设置防护措施。房间门采用明显颜色或图案加以显著标识，以便于失智老年人记忆和辨识。

5.2.6 开敞式阳台栏杆高度不低于 1.10 m，且距地面 0.30 m 高度范围内不留空，考虑老人易产生头晕目眩，阳台宜采用实心栏板，并做好雨水遮挡和排水措施，以保证介助老年人使用安全。考虑地域特征，严寒、寒冷地区，阳台设封闭避风设置。介护老年人中失智老年人居室的阳台采用封闭式设置，以便于管理服务。

5.2.7 老年人身患泌尿系统病症较普遍，自用卫生间位置与居室相邻设置，以方便老年人使用。卫生洁具浅色最佳，不仅感觉清洁而且易于随时发现老年人的某些病变。卫生间的平面布置要考虑可能有护理员协助操作，留有助厕、助浴空间。自用卫生间需要保证良好的自然通风换气、防潮、防滑等条件，以提高环境卫生质量。

5.2.8 老年人多依赖于公共餐厅就餐，本规范参照《养老设施建筑设计规范》GB 50867 中的相关标准，规定最低配建面积标准。养老院的公共餐厅结合养护单元分散设置，与老年人生活用房的距离不宜过长，便于老年人就近用餐。老年人的就餐习惯、体能心态特征各异，且行动不便，因此公共餐厅需使用可移动的单人座椅。在空间布置上为护理员留有分餐、助餐空间，且应设有无障碍服务柜台，以便于更好地为老年人就餐服务。如送餐流线与就餐流线交叉宜产生油腻污物和发生老年人与餐车碰撞，造成老年人摔倒。因此应避免送车流线与就餐流线的交叉。

5.2.9 养老院建筑中除自用卫生间外，还需在老年人经常活动的生活服务用房、医疗保健用房、公共活动用房等设置公用卫生间，且同层、临近、分散设置，并应考虑采光、通风及男女性别特点。养老院的每个养护单元内均应设置公用卫生间，以方便老年人使用。公用卫生间在介护区应留有助厕空间。

5.2.10 当用地紧张时，小型养老院的老年人专用浴室，可男女合并设置分时段使用；介助和介护的老年人，多有助浴需要，应留有助浴空间；公用沐浴间一般需要结合养护单元分散设置,规模可按总床位数测算。考虑老年人生理特征及方便使用,公共淋浴间均应附设无障碍厕位。

5.2.11 护理站是护理员值守并为老年人提供护理服务的房间。规定每个养护单元均设护理站,是为了方便和及时为介助和介护老年人服务。

5.2.12 污物污洗间靠近污物运输通道,便于控制污染。

5.3 医疗保健用房

5.3.1 由于老年人疾病发病率高、突发性强,因此养老院建筑均需要具有必要的医疗设施条件,并根据不同的服务类别和规模等级进行设置。医疗用房中的医务室、观察室、治疗室、检验室、药械室、处置室等,参照《综合医院建筑设计规范》JGJ 49 的相关规定设计,并尽可能利用社会资源为老年人就医服务。其中医务室临近生活区,便于救护车的靠近和运送病人;临终关怀室靠近医疗用房独立设置,可以避免对其他老年人心理上产生不良影响。由于老年人遗体的运送相对私密隐蔽,因此其对外通道需要独立设置。

5.3.2 养老院的保健用房包括保健室、康复室和心理疏导室等。其中保健室和康复室是老年人进行日常保健和借助各类康复设施进行康复训练的房间,房间应地面平整、表面材料具有一定弹性,可以防止和减轻老年人摔倒所引起的损伤,房间的平面形式应考虑满足不同保健和康复设施的摆放和使用要求。规定心理疏导室使用面积不小于 10 m^2,是为了满足沙盘测试的要求,以缓解老年人的紧张和焦虑心理。

5.4 公共活动用房

5.4.1 公共活动用房是老年人从事文化知识学习、休闲交往娱乐等活动的房间，需要具有良好的自然采光和自然通风。

5.4.2 活动室通常要相对独立于生活用房设置，以避免对老年人居室产生干扰。其平面及空间形式需充分考虑多功能使用的可能性，以适合老年人进行多种活动的需求。

5.4.3 多功能厅是为老年人提供集会、观演、学习等文化娱乐活动的较大空间场所，为了便于老年人集散以及紧急情况下的疏散需要，多功能厅通常宜设置在建筑首层。室内地面平整且具有弹性，墙面和顶棚采用吸声材料，可以避免老年人跌倒摔伤和噪声的干扰。在多功能厅邻近设置公用卫生间和储藏间（仓库）等，便于老年人就近使用。

5.4.4 我省包含有：严寒和寒冷地区、温和地区、夏热冬冷四个气候区，严寒、寒冷地区冬季时间较长，老年人无法进行室外活动，因此养老设施设置阳光厅，保证在冬季有充足的日照，以满足老年人日光浴的需要。夏热冬冷地区（多雨多雪地区）和温和地区降雨量较大，养老院建筑设置风雨廊，以便于老年人方便、安全往返于各功能区。

5.5 管理服务用房

5.5.1 入住登记室设置在主出入口附近，且有醒目的标识，便于老年人识别或其家属咨询、办理入住登记。

5.5.2 养老院的总值班室，靠近建筑主入口设置，从管理与安保要求出发，设置建筑设备设施控制系统、呼叫报警系统和电视监控系统，以便于及时发现和处置紧急情况。

5.5.3 厨房应当便于餐车的出入、停放和消毒，设置在相对独立的区域，并采用适当的防潮、消声、隔声、通风、除尘措施，以避免蒸汽、噪声和气味对老年人用房的干扰。

5.5.4 职工用房宜含职工休息室、职工沐浴间、卫生间、职工食堂等，宜独立设置，既方便职工人员使用，也可避免对老年人用房的干扰。

5.5.5 洗衣房主要是护理服务人员为介护老年人清洁衣物和为其他老年人清洁公共被品等，为达到必要的卫生要求，平面布置需要做到洁污分区。洗衣房除具有洗衣功能外，还需要为消毒、叠衣和存放等功能提供空间。

5.6 安全措施

5.6.1 养老院建筑的出入口是老年人集中使用的场所，考虑到老年人的体能衰退和紧急疏散的要求，专门规定了老年人使用的出入口数量。为方便轮椅出入及回转，外开平开门是最基本形式。

5.6.2 考虑老年人缓行、停歇、换乘等方便，养老院建筑出入口至机动车道路之间需留有充足的避让缓冲空间。

5.6.3 出入口门厅、平台、台阶、坡道等设计的各项参数和要求均取自较高标准，目的是降低通行障碍，适应更多的老年人方便使用。

5.6.4 本条规定了养老院建筑的楼梯设计要求。需要强调的是对反应能力、调整能力逐渐降低的老年人而言，在楼梯上行或下行时，如若踏步尺度不均衡，会造成行走楼梯的困难。在紧急情况下，考虑主要疏散楼梯能满足医护担架的通行，满足《综合医院建筑设计规范》JGJ 49 第 3.1.5 条关于主楼梯的规定。而踏面下方透空，对于拄杖老年人而言，容易造成打滑失控或摔伤。通过色彩和照明的提示，引起过往老年人注意，保障通行安全。

5.6.5 电梯运行速度不大于 1.50 m/s，主要考虑其启停速度不会太快，可减少患有心脏病、高血压等症老年人搭乘电梯时的不适感。放缓梯门关闭速度，是考虑老年人的行动缓慢，需留出更多的时间便于老年人出入电梯，避免因门扇突然关闭而造成惊吓和夹伤。

5.6.6 养老院建筑的过厅、走廊、房间的地面不应设有高差，如遇有难以避免的高差时，在高差两侧衔接处，要充分考虑轮椅通行的需要，并有安全提示装置。

5.6.7，5.6.8 外廊应采取有效的排水及防飘雨措施，避免外廊积水造成老年人滑倒。走廊的净宽和房间门的尺寸是考虑轮椅和担架床、医用床进出且门扇开启后的净空尺寸。1.20 m 的门通常为子母门或推拉门。当房门向外开向走廊时，需要留有缓冲空间，以防阻碍交通。在水平交通中既要保证老年人无障碍通行，又要保证担架床、医用床全程进出所有老年人用房。

5.6.9 由于老年人体能逐渐减弱，他们活动的间歇明显加密。在老年人的活动和行走场所以及电梯厅等区域，加设休息座椅，对缓解疲劳，恢复体能大有裨益。同时老年人之间的交往无处不在，这些休息座椅也提供了老年人相互交流的机会，利于老年人的身心健康。但休息座椅的设置是有前提的，不能以降低消防前室的安全度为代价。

5.6.11 老年人因身体衰退常常在经过公共走廊、过厅、浴室和卫生间等处需借助安全扶手等扶助技术措施通行，本条文中专门规定了养老设施建筑中安全扶手的适宜设计尺寸，其中最小有效长度是考虑不小于老年人两手同时握住扶手的尺寸。

5.6.12 老年人行为动作准确性降低，转角与墙面的处理，利于保证老年人通行时的安全以及避免轮椅等助行设备的磕碰。

5.6.13 养老院建筑的导向标识系统是必要的安全措施，它对于记忆和识别能力逐渐衰退的老年人来说更加重要。出入口标识、楼层平面示意图、楼梯间楼层标识等连续、清晰，可导引老年人安全出行与疏散，有效地减少遇险时的慌乱。

5.6.14 本条的主要目的是防止因日常疏忽导致老年人发生意外。

1 老年人行动迟缓，反应较慢，沿老年人行走的路线，做好各种安全防护措施，以防烫伤、扎伤、擦伤等。

2 防火门上设透明的防火玻璃和分区门扇上设透明的安全玻璃，便于对老年人的行动观察与突发事件的救助。防火门的开关设有阻尼缓冲装置，以避免在门扇关闭时，容易夹碰轮椅或拐杖，造成伤害。

3 本规定主要是便于对老年人发生意外时的救助。

4 失智老年人行为自控能力差，在每个养护单元的出入口处设置视频监控、感应报警等安全措施，以防老年人走失及意外事故。

5 养老院的开敞阳台或屋顶上人平台上的临空处不应设可攀登的栏杆，防止老年人攀爬失足，发生意外。供老年人活动的屋顶平台女儿墙护栏高度不应低于 1.20 m，也是防止老年人意外失足，发生高空坠落事件。在医院及其他建筑的无障碍设计中，经常有双层扶手的使用需要，这在养老院建筑的开敞阳台和屋顶上人平台上的临空处是禁止的。

6 为便于老年人在发生火灾时有序疏散及实施外部救援，应在老年人居室设置安全疏散标识。考虑到老年人视力减弱，在墙面凸出处、临空框架柱等位置设置显著标识，增强辨识度和安全警示。

6 建筑结构

6.1.1 老年人的自我保护能力较差，为在突发地震灾害时加强对老年人的保护，参照幼儿园的设防标准，不低于重点设防类。

6.1.2 对建筑抗震有利、一般、不利和危险地段的的划分见《建筑抗震设计规范》GB 50011 – 2010。

6.1.3 框架结构刚度较弱，导致填充墙损坏甚至倒塌。由于老年人行动缓慢、疏散困难，减少填充墙破坏很有必要，因此从严控制框架结构变形。限值 1/650 来源于《建筑抗震设计规范》GBJ 11 – 89 相关要求。

7 建筑设备

7.1 给水排水

7.1.1 养老院是为自理、介助和介护老年人提供生活照料、医疗保健、文化娱乐等综合服务的养老机构，其使用水的频率较高，用水点多，应配备符合老年人生理和心理特点的给水排水系统和设备，以方便老年人使用。

7.1.2 根据养老院用水频率较高，用水点多的特点，本条文用水标准参照《建筑给水排水设计规范》中养老院、托老所中全托用水标准，以及上海市《养老设施建筑设计标准》用水标准及小时变化系数，提出四川省养老院用水标准及小时变化系数。表 7.1.2 中的用水标准和一般养老机构、疗养院用水标准相当。

7.1.3 在寒冷、严寒、夏热冬冷地区的养老院，由于气候因素应全面供应热水；其余气候区淋浴器、浴盆应供应热水，洗手盆等宜设置热水供应。

为了方便老年人使用，床位数达到一定规模的养老院宜采用集中热水供应系统，并采取保障老年人使用热水安全和操作简便的措施，如：降低集中热水系统的供水温度、用水点前端配置防烫伤恒温混水阀、单管供应热水等。

对于用水点分散或有独立管理要求的建筑，可设置分散的热水供应系统，并单独设置水表计量。

养老建筑热水用水点较多，为了控制热水循环效果，避免打开水龙头要放数十秒或更长时间的冷水才出热水，浪费水资源，参照《民用建筑节水设计标准》GB 50555 的要求：热水系统配水点出水温度不低于 45 °C 的放水时间，不宜大于 10 s。

7.1.4 养老院应选用符合老年人的生理特点和心里特征、使用方便的卫生器具。

养老院用水频率较高，用水点多、用水量较大，节水潜力较大，应按《节水型生活用水器具》CJ/T 164 的要求，选用节水型卫生器具。

由于老年人行动不便、记忆力衰退，在公用卫生间中往往精神紧张，手忙脚乱。因此，公共卫生间的水龙头和便器等宜采用触摸式或感应式等自动化程度较高、操作方便的类型，以减少负担。自理能力差、操作困难的老人居住用房，宜配置便于老年人使用的坐便器。

为了符合无障碍要求，方便轮椅进出，养老院内的卫生间、淋浴间和浴室等场所，可选用悬挂式洁具；给排水管道设置不影响轮椅使用。

7.1.5 养老院应尽量减少噪声和振动，创造于适合老年人生活的安静环境。

世界卫生组织（WHO）研究了接触噪声的极限，比如心血管病的极限，是在夜晚接受 50 dB（A）的噪声；而睡眠障碍的极限低值，是 42 dB（A）；更低的是一般干扰，只有 35 dB（A）。老年人大多患有心脏病、高血压、抑郁症、神经衰弱等疾病，对声音很敏感，尤其是 65 dB（A）以上的突发噪声，将严重影响患者的康复，甚至导致病情加重。因此，需要选用流速小、流量控制方便的节水型、低噪声的卫生器具和给排水配件、管材。

合理控制供水管道的压力和流速，不仅可减少管道振动和噪声对环境的影响，还可节约用水、防冲溅、防止惊吓老年人。参照《民用建筑节水设计标准》GB 50555 的要求，养老院用水点处的供水压力不应大于 0.20 MPa。

养老院生活排水管材宜选用机制铸铁排水管、HDPE 管等低噪声排水管材。排水立管不得穿越老年居住用房，排水系统还可采用同层排水系统等防噪措施。

按《城镇给水排水技术规范》GB 50788 的要求：给水加压、循环冷却等设备不得设置在休息厅或居住用房的上层、下层和毗邻的房间内。

7.1.6 养老院按用途和计费单元分别设置水表计量，便于科学管理，节约用水。

7.1.7 养老院设有洗面盆、浴盆和洗衣机等洗涤设施时，宜就近利用洗涤废水向地漏处的水封补水，防止水封干涸，影响室内空气质量。

7.1.8 养老院按其建设规模，必须配备一定的附属医疗设施，主要包括：医务室、观察室、治疗室、检验室、药械室、处置室等，应按《综合医院建筑设计规范》JGJ 49 的要求配置给水排水设施；同时医疗区的污、废水应按《医疗机构水污染物排放标准》GB 18466 的相关要求，经处理后达标排放。

7.1.9 自动喷水灭火灭火系统适合于扑灭绝大多数建筑初期火灾，应用广泛。养老院内大部分为行动不便老年人，火灾时疏散缓慢，可能造成严重后果，社会影响大，按《建筑设计防火规范》GB 50016，应设置自动喷水灭火系统。

7.2 暖通空调

7.2.1 养老院建筑设置供暖设施，方可保证老年人生活环境基本舒适要求。设计可结合各地经济水平及资源情况，灵活采取集中供暖、分散供暖、分体空调以及取暖器等方式供暖。

7.2.2 由于身体素质和生活习性不同，老年人对环境温度要求有别于普通人群：在同样的舒适度情况下，冬季温度要求高于普通人群。本条文对具体房间的供暖室内设计温度做了规定，其中带沐浴功能的自用卫生间、公用沐浴间、老年人专用浴室等均应按照含沐浴的用房执行；走道、楼梯、阳光厅的室内供暖计算温度可以按照 18 ℃ 计算；生活服务用房中的理发室可按 20 ℃ 计算。

7.2.4 室温调控是节能的必要手段，供暖系统末端设备具备室温调控功能，一方面可以实现节能目的，另一方面还可以满足使用者不同的舒适性需求。

7.2.5 为保护老年人的安全健康，采用散热器采暖时应采取必要的措施避免烫伤和碰伤。

7.2.6 为提高夏季的室内舒适性，在夏热冬冷、温和地区的养老院建筑应设置降温设施，设计可结合各地经济条件及资源情况，采用分体空调、集中空调等多种形式。

7.2.7 根据老年人的身体特点和对环境舒适度的特殊要求，对空调供冷、供热工况的具体设计参数提出了建议。由于身体素质和生活习性不同，老年人对空调系统舒适度的感受与普通人略有不同：一般冬季供热温度要求高于普通人，夏季制冷时设计温度不宜过低，故本条文根据《民用建筑供暖通风与空气调节设计规范》GB 50736 的设计标准要求，对设计温度作了适当调整。另外，老年人对环境风速的敏感度比较高，本条文要求供冷工况下，空调区域风速不宜大于 0.25 m/s，实际上是 GB 50736 中供冷工况的 I 级舒适度设计标准。

7.2.8 老年人体弱多病，抵抗力差，需要更好的室内空气品质，故养老院建筑应有良好的通风设施：设置空调系统的老年人居住用房最小新风量不应小于 1.5 次/小时换气次数。夏热冬冷地区、严寒及寒冷地区的养老院建筑，冬季往往长时间关闭外窗，对室内空气品质极为不利，设计应采取措施（如增设机械通风系统等），保证房间换气次数，提高门窗关闭时室内空气品质。

7.3 建筑电气

7.3.2 设置变配电所或变配电间为了安全和方便管理。失智老人自身无法判断其行为后果，为了避免其触及预装式变电站或户外配电设施而造成电击伤害，宜在该类用电设施周围设置围栏或采取其他安全防护措施。

7.3.4 室外变电所的外侧指独立式变配电所的外墙或预装式变电站的外壳。老年人长期停留房间包括居住用房、医疗用房、保健用房、活动室等，变配电所离老年人长期停留房间太近会影响安全及生活环境，离噪声源、电磁辐射源越远越有利于人身安全，参照《住宅建筑电气设计规范》JGJ242 - 2011 第 2.4.3 条的说明中对室外变电所与住宅建筑的间距要求，建议室外变电所的外侧与老年长期停留房间外墙间距不宜小于 20 m 或采取其他的遮挡或屏蔽等措施。

7.3.5 老年人居住用房有单间和带起居室套间等房型。主要用电设备有空调、电视、冰箱、电脑、电热水器等，冬季使用采暖设施有空调、取暖器等。每间居住用房通常设置有照明、空调、电视，其总功率在 1.1 kW ~ 1.6 kW，考虑其他用电设备接入，要求每间居住用房的用电负荷取值不宜小于 2 kW。

7.3.7　由于养老院的管理模式、经营模式多样，为了便于独立核算和加强节约用电管理，宜结合管理需要设置电能计量装置。单独配电的每间（套）居住用房宜设置电度表，其电度表可分散设置宜可集中设置于电表箱内。

7.3.13　老年人的行动相对迟缓，在紧急情况下的疏散时间相对较长，且介助和介护老人需要他人协助方能疏散，因此养老院预防火灾和及时发现火灾极为重要，应设置电气火灾监控系统和火灾自动报警系统。养老院的管理人员宿舍等管理用房是否设置电气火灾监控系统和火灾自动报警系统依据国家和地方现行相关规范执行。

7.4　建筑智能化

7.4.2　养老院的视频监控系统除具有安全防范作用外，还作为对老年人进行管理的辅助一种手段，因此养老院应设置视频监控系统，且公共区域宜无监控盲区。每个养护单元设置区域显示屏对该单元内的监控信号进行显示，让该单元的管理人员能实时观察该区域内的状况，以便第一时间发现老年人跌倒等问题。

7.4.3　养老院设置紧急呼叫系统在老年人出现紧急状况（如摔倒、突发疾病）时能及时与护理室或值班室的人员联络，以便能及时处置险情。根据本规范第 5.1.3 条，养老院根据床位设置情况划分若干养护单元，每个养护单元负责对相应区域进行管理和服务，养护单元均配有全天 24 小时值班人员，养护单元的呼叫信号在该护理单元进行显示为最直接、最高效方式。紧急呼叫系统可采用无线传输系统或有线传输系统，目前部分厂家推出了采用无线传输的穿戴式求助系统，与传统系统相比，穿戴式系统将呼叫装置设置在老年人身上，操作较方便，在项目资金允许的情况下可采用无线传输的穿戴式求助系统。

    1   为了方便老年人在紧急状况下操作，老年人居室呼叫装置通常设置在床头及客厅沙发处，浴室呼叫装置通常设置在淋浴间，卫生间呼叫装置通常设置在坐便器或洗涤盆旁。当卫生间具有沐浴功能时，尚应结合房间布置考虑在沐浴处是否需要增设呼叫装置。

    2   呼叫装置高度为根据本条第 3 款呼叫装置的选型及部分家具的高度，结合老年人站姿、坐姿、卧姿不同状态的操作方便性而确定。本条呼叫装置高度与《养老设施建筑设计规范》GB 50867－2013 第 7.3.11 条规定的高度有差异，因本规范要求呼叫装置为拉绳呼叫装置，加上拉绳长度，本规范规定的可操作高度涵盖了 GB 50867－2013 第 7.3.11 条高度范围。

    3   拉绳呼叫装置较按钮呼叫装置使用更方便，目前较多的养老院或养老机构均已使用拉绳呼叫装置。拉绳长度应结合呼叫装置安装高度确定，当呼叫装置距地 1.20 m 时，拉绳末端距地小于 0.50 m，人员倒地状况亦能操作；当设置于床头时，不小于 0.70 m 的拉绳加上人体的臂长，不论呼叫装置设置与床的左侧还是右侧，趟在床上的人均能较方便的发出呼叫信号。

7.4.5   由于老年人记忆力及智力衰退，考虑用气安全，在燃气泄漏报警时要求系统能自动关闭燃气阀门，系统在值班室发出声响信号是为了提醒管理人员及时处置险情。本条仅对老年人使用的以燃气为燃料的厨房用气安全进行了规定，养老院内的食堂厨房及管理员工厨房燃气泄漏报警装置按照国家现行相关规范执行。

7.4.6 《养老设施建筑设计规范》GB 50867 – 2013 第 7.3.10 条规定"公共活动用房、居住用房和公共餐厅等处应设置信息网络插座"，但由于我省大面积的盆周山区为欠发达地区，这些地方的养老人员文化水平通常不高，基本不会使用电脑，本规范结合我省实际情况，允许结合项目情况选择性的设置信息网络系统。

7.4.8 健康信息管理包括管理平台及生命体征检测设备，检测设备包括血氧仪、血压计、心电仪、体温计、血糖仪等。

7.4.9 室外环境状况对老年人的身体健康影响较大，有条件时可设置环境监测系统，通过监测数据指导老年人安排户内或户外活动、指导穿衣等。当同时设有信息显示系统时，应能将环境监测系统的信息进行显示和发布。